Geometrie
Punkte und Geraden

1. a) Zeichne durch E und F eine Gerade g!

   b) Kennzeichne auf g einen Punkt G, der nicht zwischen E und F liegt!

W0324463

2. a) Zeichne drei Geraden a, b und c so, dass sie miteinander genau drei Schnittpunkte haben!

   b) Zeichne drei Geraden e, f und g so, dass sie miteinander keinen Schnittpunkt haben!

Z. Ergänze zu 10 €!

Betrag	3,45 €	9,98 €	120 ct	15 ct
ergänzt				

Geometrie
Punkte und Geraden

1. a) Lege einen Punkt P zwischen K und L fest!

   b) Gib einen Punkt Q an, der nicht auf g liegt!

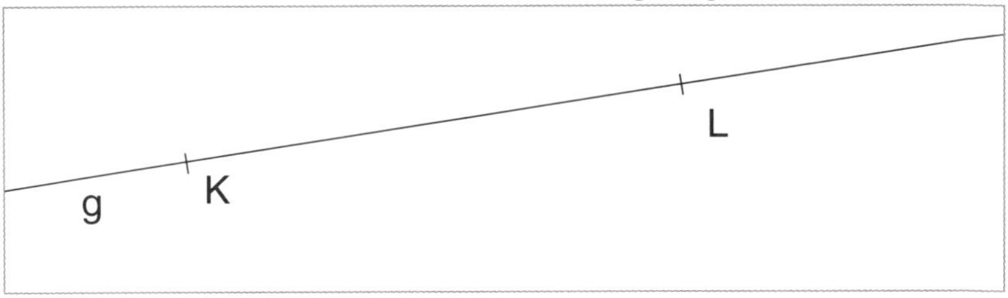

2. a) Zeichne eine Gerade k durch S so, dass gilt: $k \perp h$!

   b) Zeichne eine Gerade l so, dass gilt $l \parallel g$!

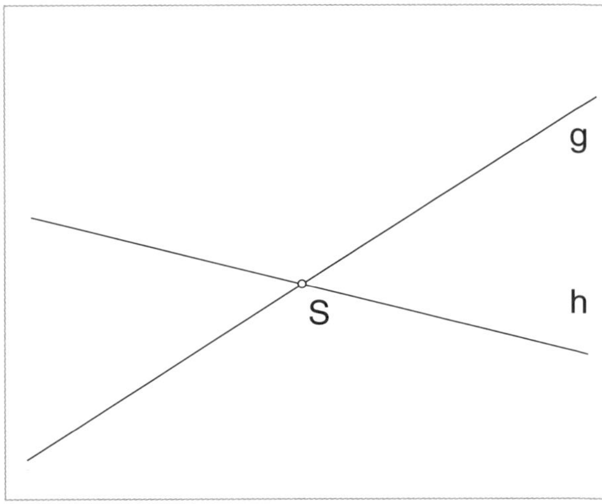

Z. Ergänze die Tabelle!

x	y	z	x · z	(x + y) : z
40	50	10		
120	5	5		
200			200	200
55	15		0	

Geometrie
Strecke, Strahl, Gerade

1. a) Zeichne eine Strecke $\overline{AB}$ von 2,5 cm Länge!

   b) Zeichne durch A eine Gerade a und durch B eine Gerade b so, dass gilt: $a \parallel b$!

2. Zeichne zu g eine Gerade h so, dass beide senkrecht aufeinander stehen!

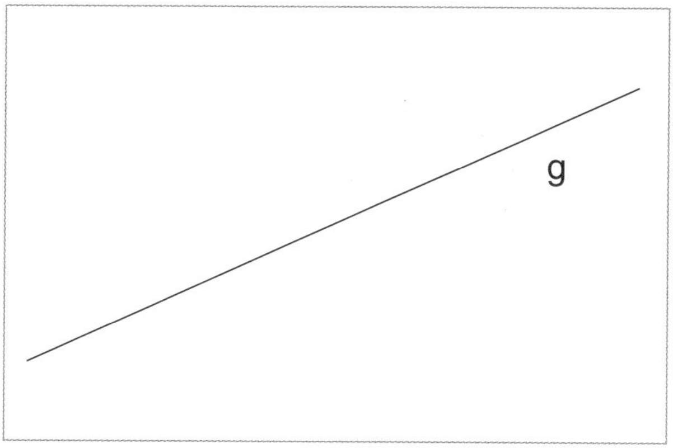

Z. Rechne im Kopf! Wende das Distributivgesetz an!

a) $8 \cdot 19 =$ .... b) $5 \cdot 24 =$ ....

c) $5 \cdot 97 =$ .... d) $11 \cdot 12 =$ ....

e) $13 \cdot 7 =$ .... f) $21 \cdot 9 =$ ....

g) $102 \cdot 6 =$ .... h) $4 \cdot 205 =$ ....

Geometrie
Strecke, Strahl, Gerade

1. a) Lege auf s einen Punkt S fest so, dass $\overline{PS} = 4{,}0\,\text{cm}$ gilt!

   b) Zeichne eine Gerade h durch S so, dass $s \perp h$ gilt!

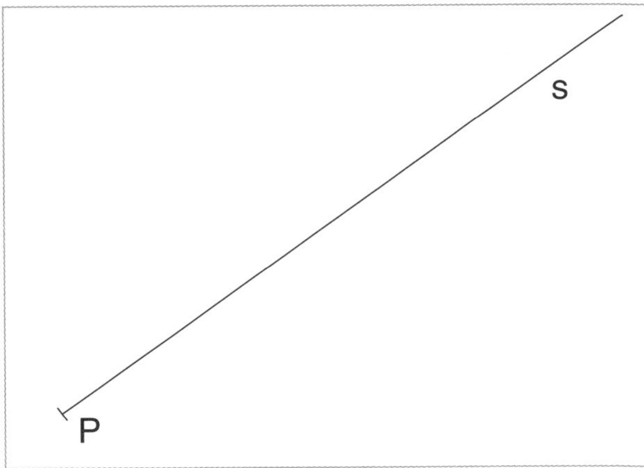

2. Zeichne eine weitere Gerade k zu den Geraden g und h so, dass sie mit g keinen Punkt gemeinsam hat!

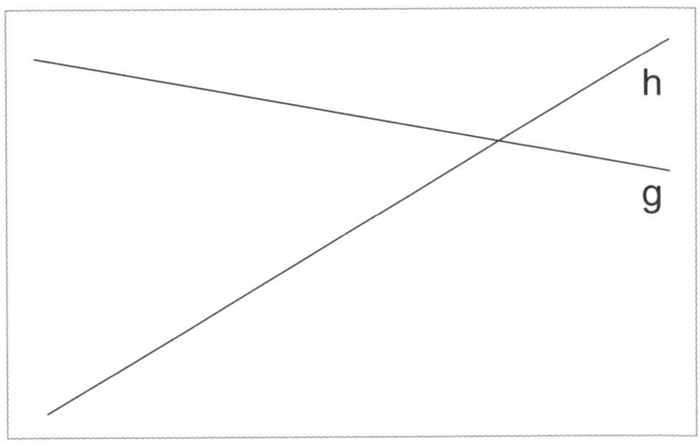

Z. Setze in die Leerstellen die richtigen Zahlen ein! Gleiche Symbole bedeuten gleiche Zahlen.

a) ○ + 18 = 30
○ · 6 = □
□ − ○ = ▽

b) ▭ : 15 = 10
▭ − ▷ = 10
▭ + ▷ = ◇

1. a) Zeichne zu g eine parallele Gerade h!

   b) Zeichne zu h eine Gerade k so, dass $h \perp k$ gilt!

   c) Wie verläuft g zu k? ....

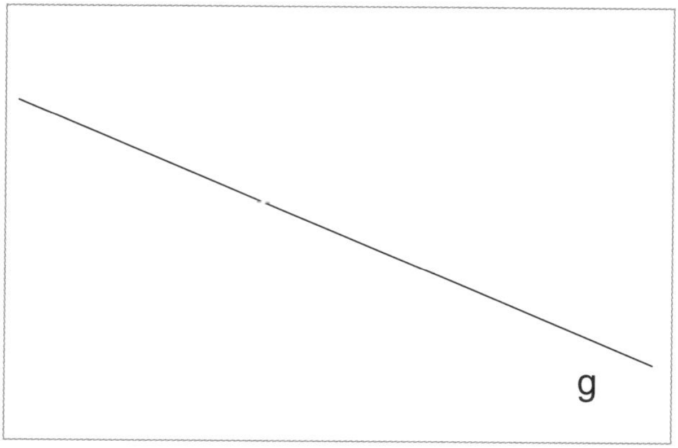

2. a) Zeichne um M einen Kreis mit einem Radius von 25 mm!

   b) Zeichne eine Gerade g durch M!

   c) Zeichne eine Gerade h durch M, die auf g senkrecht steht!

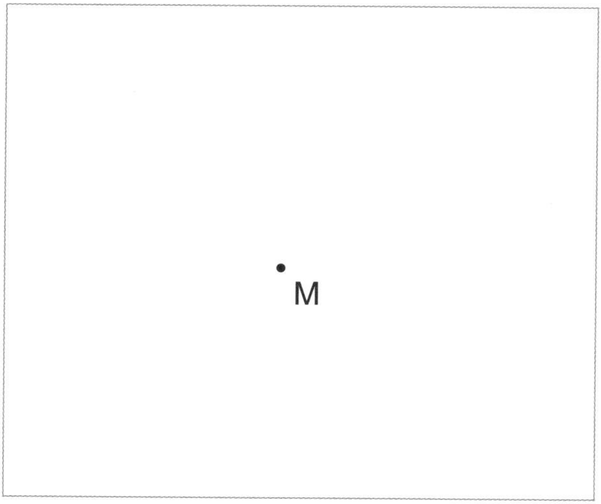

Z. Ergänze die Tabelle!

100 · a	**10 · a**	**a**	**a : 10**
1 m			
	1 m		
		1 m	
			1 m

Geometrie
Winkel

1. a) Miss α und β!

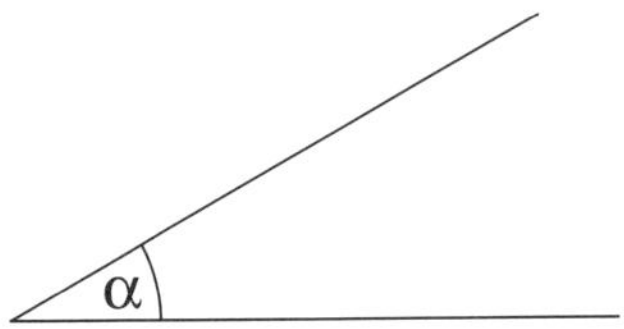

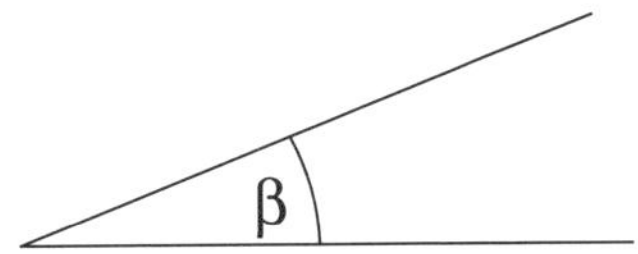

b) Zeichne einen Winkel der Größe $\alpha + \beta$!

2. a)

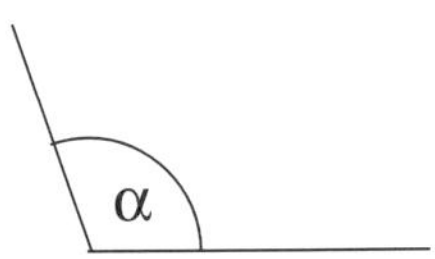

b)

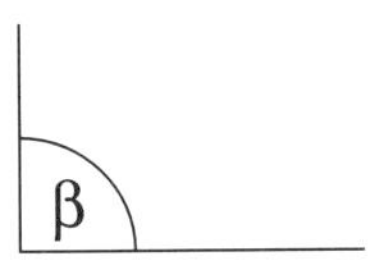

c)

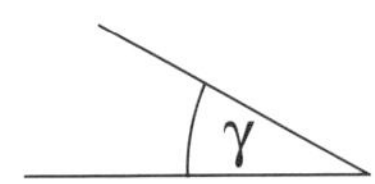

Ergänze! α ist ein .... Winkel.

β ist ein .... Winkel.

γ ist ein .... Winkel.

Z. Ergänze die Tabelle!

u	v	w	(u + v) · w	u – v : w
40	20	4		
120	80	8		
30	24		54	
400	80			320

1. a) Zeichne einen Winkel α der Größe 60°!
   b) Zeichne einen Winkel β der Größe 30°!
   c) Zeichne einen Winkel der Größe $\alpha + \beta$!

A für α B für β C für $\alpha + \beta$

2. Welcher der drei Winkel ist der kleinste?

(a)
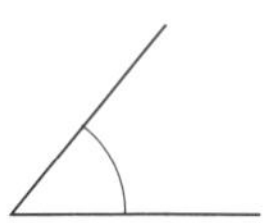
(b)
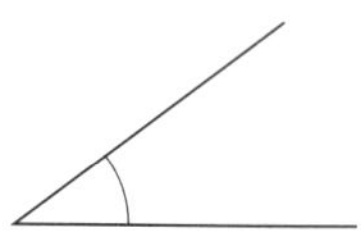
(c)
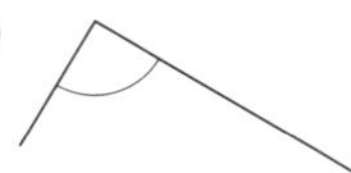

Z. a) Ergänze!

25 · x	5 · x	x	x : 5	x : 25
		2 €		
		0,5 l		
	1 kg			
				4 mm

b) Für welche natürlichen Zahlen d gilt: $50 \leq d \leq 51$?

1. Welche Winkelarten erkennst du? Gib sie an!

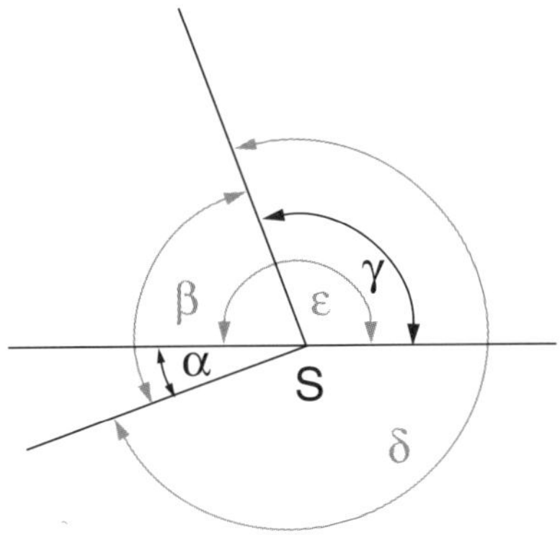

2. Wie groß ist α? Begründe!

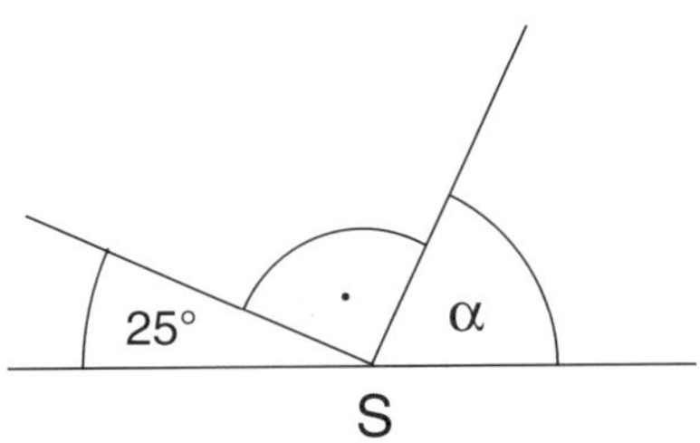

Z. Subtrahiere von den folgenden Zahlen jeweils 120!

a) 125

b) 205

c) 1 100

d) 313

e) 1 200

f) 118

1. Miss die Winkel α, β und γ! Ordne sie der Größe nach! Beginne mit dem kleinsten Winkel.

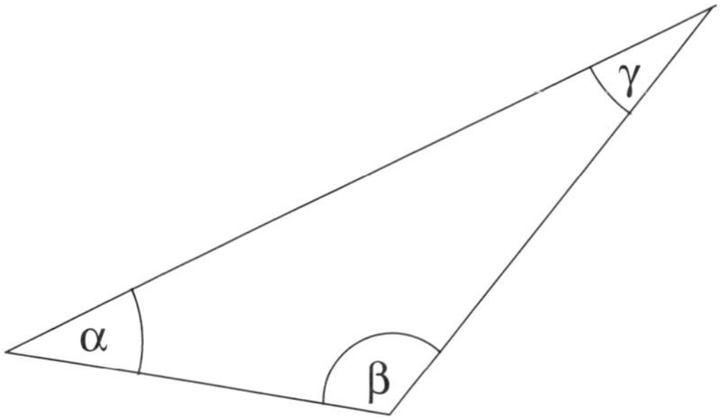

2. Wie groß ist β? Begründe!

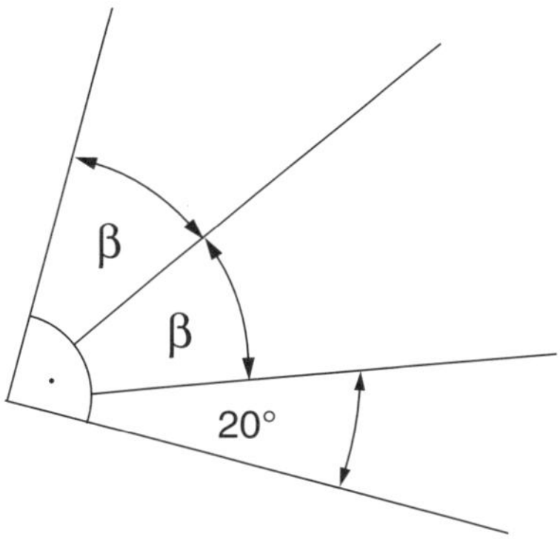

Z. Ordne der Größe nach! Beginne mit der kleinsten Zahl!
233 445; 23 445; 23 544; 23 444; 233 444

Geometrie
Vielecke

1. Welche Vierecke erkennst du?
   Nenne sie und bezeichne sie mit ihren Eckpunkten!

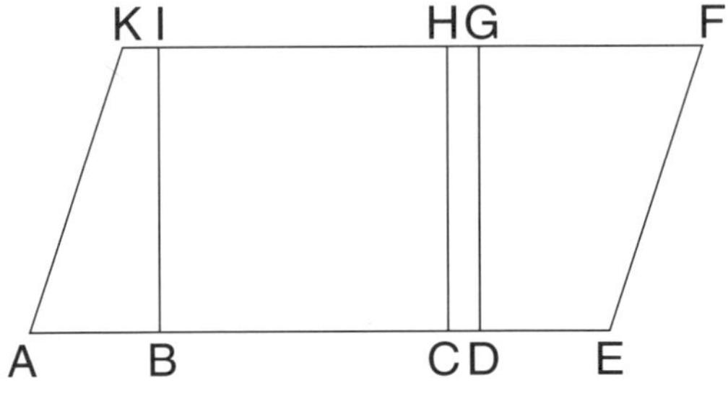

$\overline{AE} \parallel \overline{FK}$

2. Ergänze zu einem rechtwinkligen Dreieck ABC!

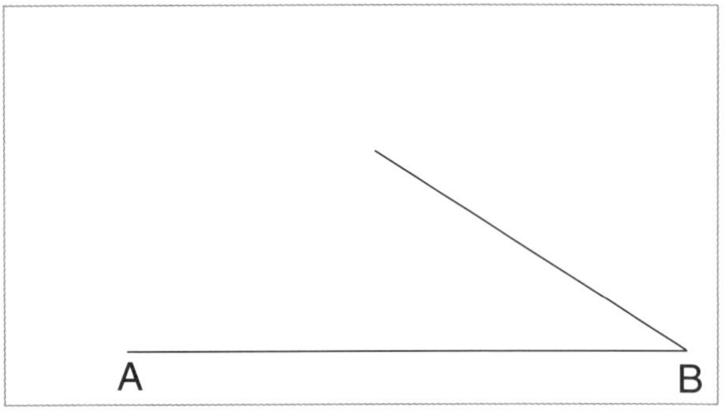

3. Welche der folgenden Aussagen sind wahr, welche falsch?
   a) Jedes Quadrat ist ein Rechteck.
   b) Jedes Viereck hat eine Symmetrieachse.
   c) Zwei Geraden schneiden einander stets in einem Punkt.
   d) Parallele Geraden haben keinen gemeinsamen Punkt.

1. Wie viele Dreiecke erkennst du?
Benenne sie mit ihren Eckpunkten!

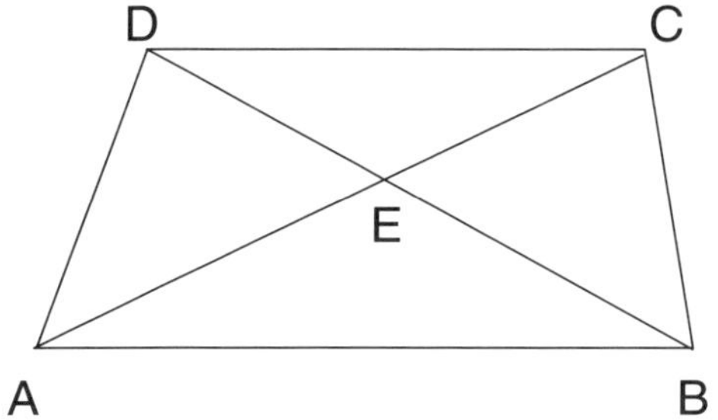

____

____

____

____

____

____

2. Ergänze!

a) 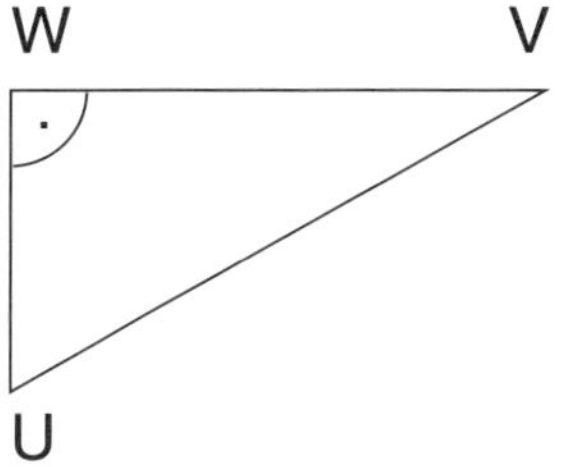

UVW ist ein

______________________ Dreieck.

b) 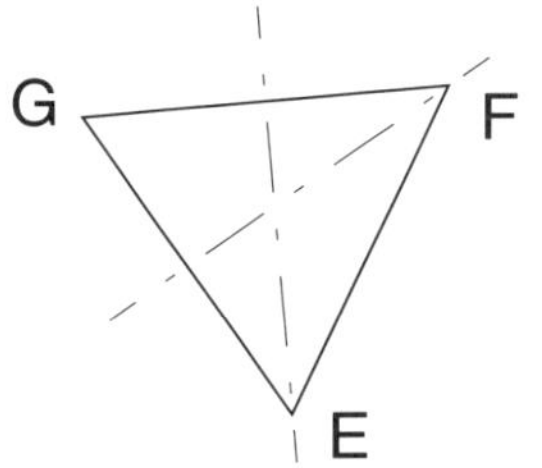

EFG ist ein

______________________ Dreieck.

Z. a) Die Hälfte von 3 min in Sekunden: ______________________

b) Ein Viertel von 3 € in Cent: ______________________

c) Ein Zehntel von 3 km in Meter: ______________________

1. Wie viele Trapeze erkennst du?
Benenne sie mit ihren Eckpunkten!

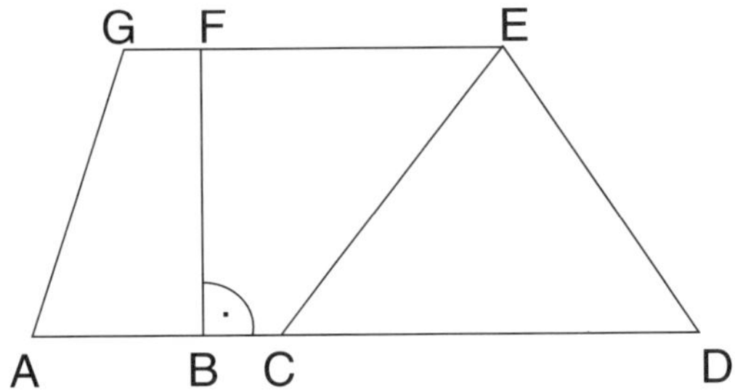

$\overline{AD} \parallel \overline{GE}$

2. Ergänze zu einem gleichseitigen Dreieck ABC!

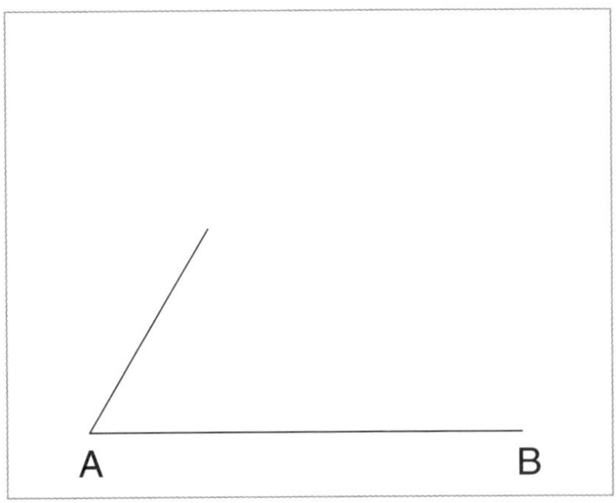

Z. Ergänze die Tabelle!

c	**d**	**c : d**	**(20 + d) : c**
12	4		
10	10		
	5	2	

1. Welche Vierecke erkennst du? Nenne ihre Namen!

a) 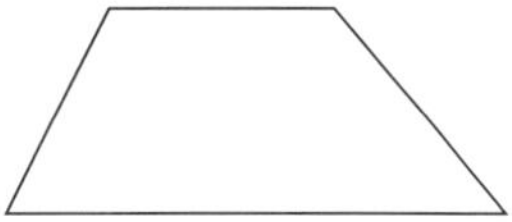

b) 

c) 

d) 

2. Ergänze zu einem symmetrischen Trapez ABCD!

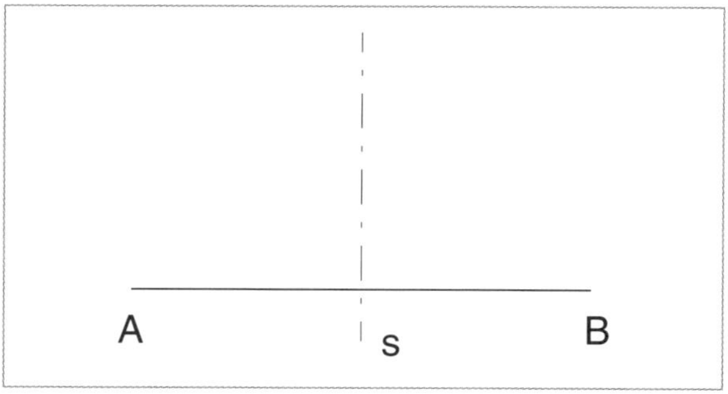

3. Skizziere einen Quader!

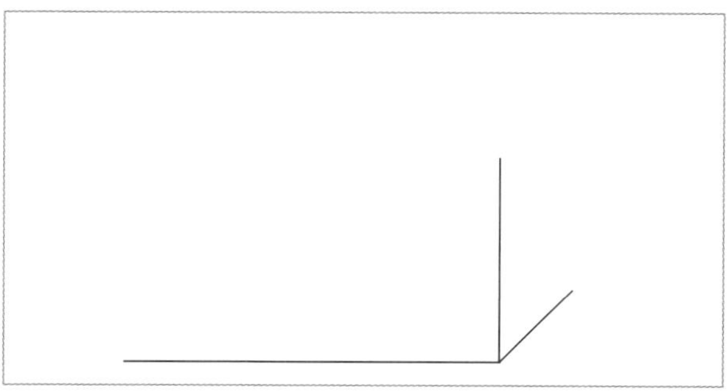

1. Ergänze zu einem Rechteck ABCD!

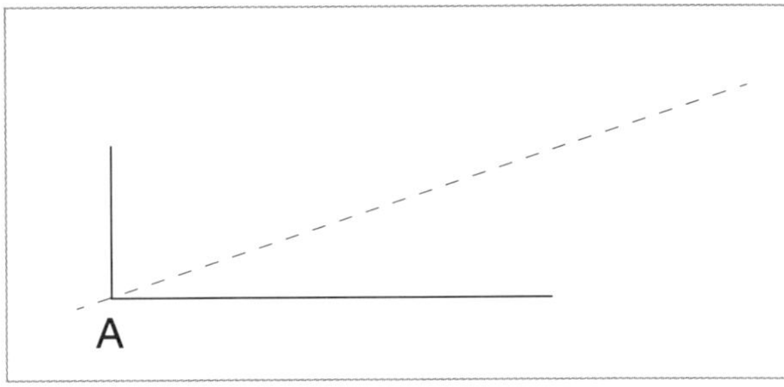

2. Nenne die Namen der dargestellten Körper!

a)
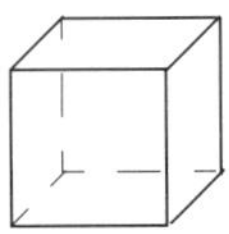

b)
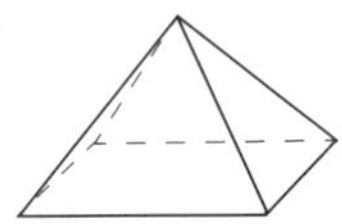

c)
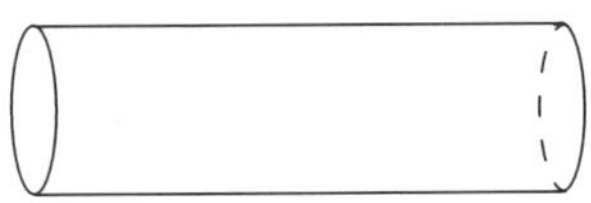

d)
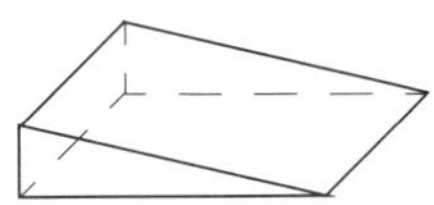

Z. a) Berechne den Durchschnitt:
2,05 €; 175 ct; 4,15 €; 3 € und 5 ct!

b) Bilde aus den Ziffern 2 und 3 alle möglichen zweistelligen Zahlen!
Berechne das arithmetische Mittel dieser Zahlen!

Geometrie
Symmetrie

1. Zeichne jeweils die Symmetrieachsen ein!

a)

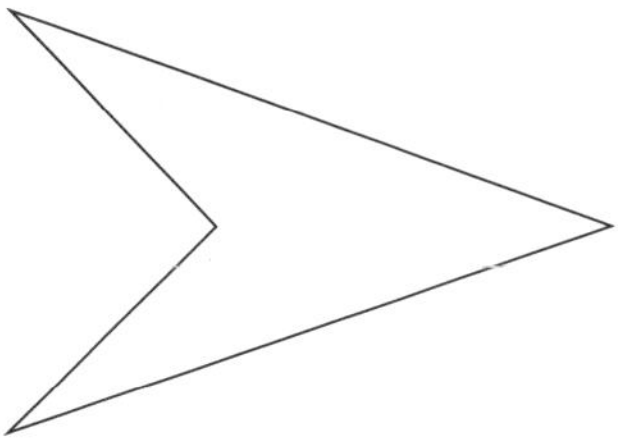

b)

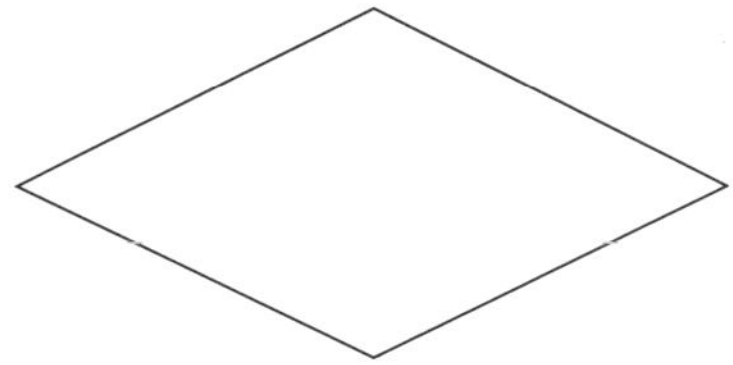

c)

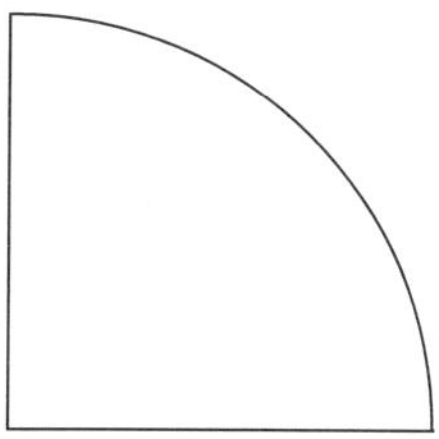

d)

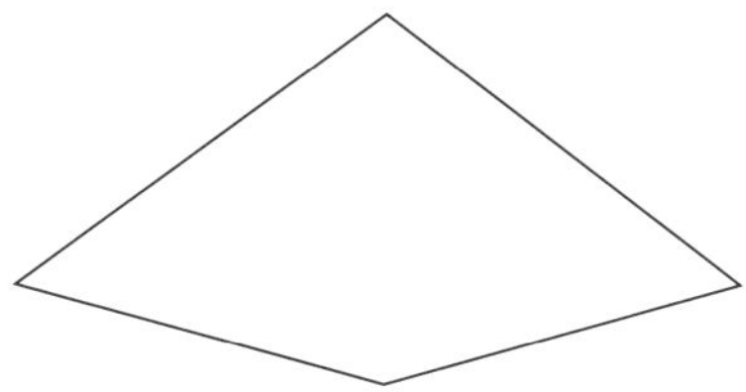

2. a) Ergänze zum Rechteck ABCD!

   b) Zeichne mindestens eine Symmetrieachse ein!

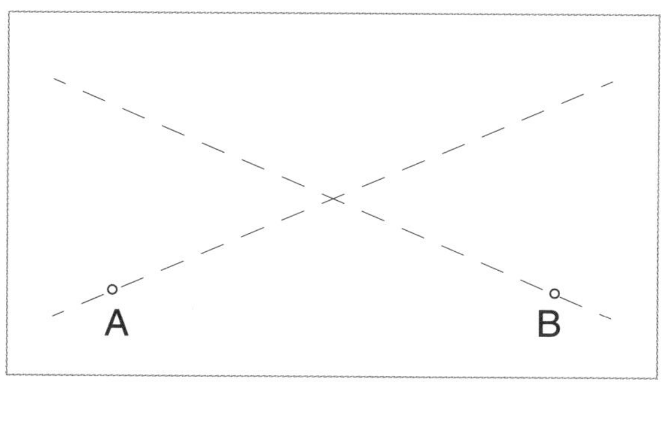

Z. Wie viel Minuten vergehen

a) von 12.56 Uhr bis 13.07 Uhr; ______________________

b) von 23.11 Uhr bis 0.27 Uhr; ______________________

c) von halb elf bis 13 Uhr? ______________________

Geometrie
Symmetrie

1. Finde alle Symmetrieachsen!

a)

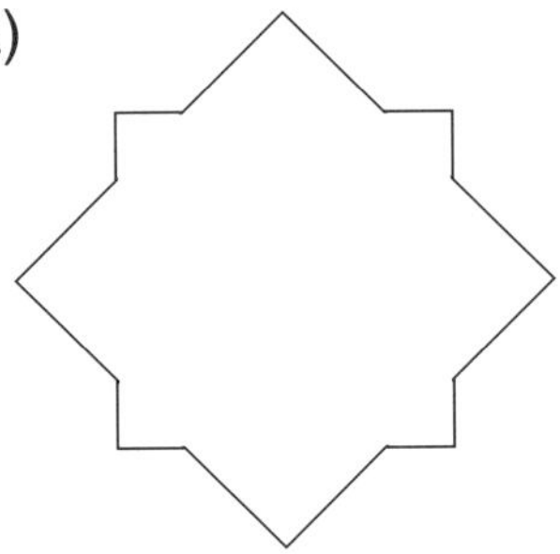

b)

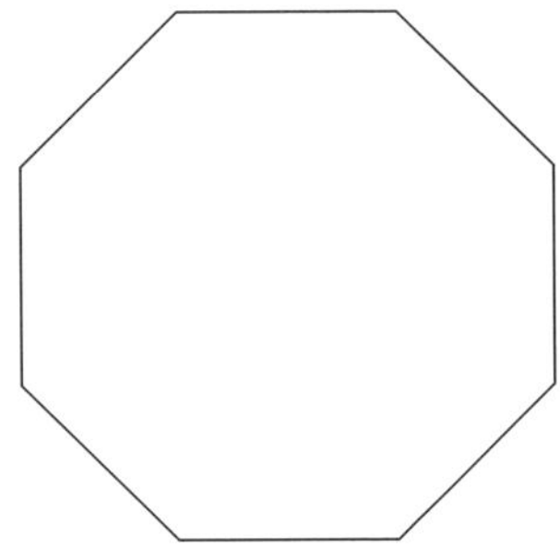

2. a) Welche der folgenden Druckbuchstaben sind symmetrisch?

E F G H I K

____

b) Finde selbst „symmetrische“ Buchstaben!

____

Z. a) Für welche Zahlen stehen a, b und c?

$a : 12 = 2$ a = ______

$a : b = 3$ b = ______

$b : c = 4$ c = ______

b) $(2^3 + 2^4) : 2^2 =$ ______

Geometrie
Symmetrie

1. Zeichne mindestens eine Gerade, zu der die Figuren (1) und (2) symmetrisch liegen!

2. a) Zeichne einen Halbkreis um M mit dem Radius r = 2,5 cm!

   b) Zeichne die Symmetrieachse ein!

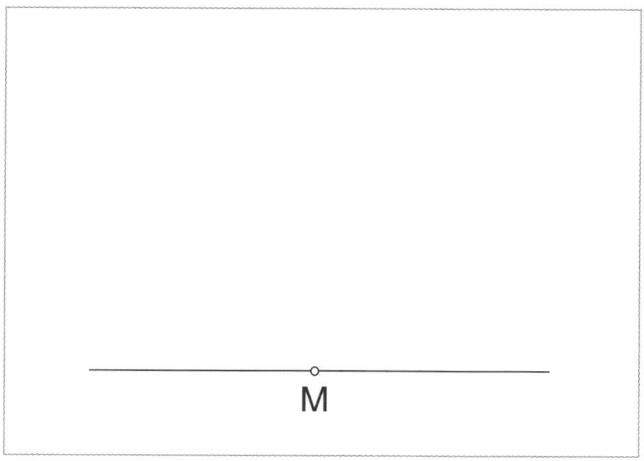

Z. Ergänze die Tabelle!

a	**2 · a**	**a : 10**
50 ct		
0,5 m		
	0,4 kg	
	0,1 m^2	

1. Spiegle g jeweils an h! Was stellst du fest?

a)

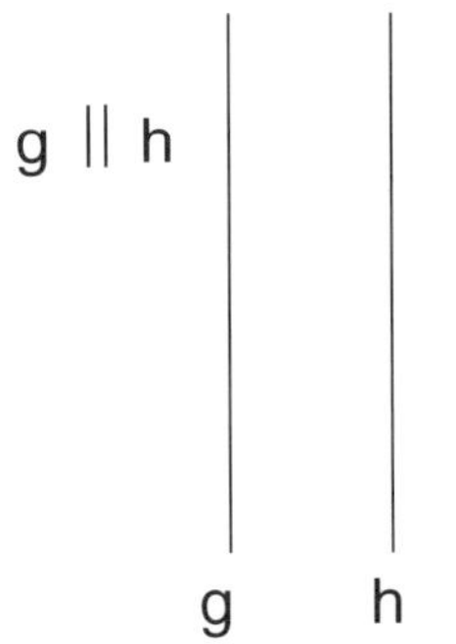

b)

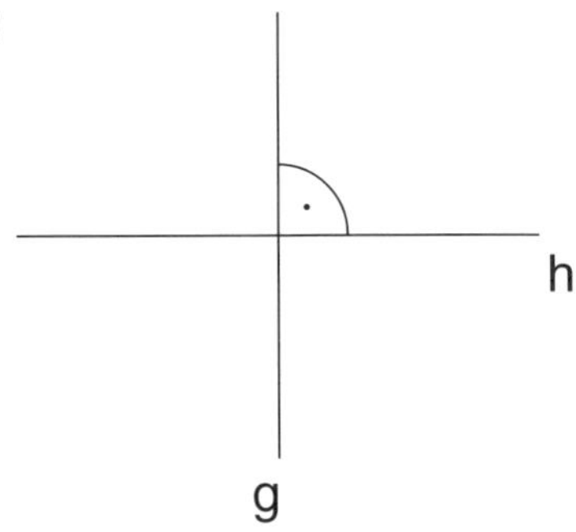

2. Spiegle das Quadrat ABCD

a) an BC!

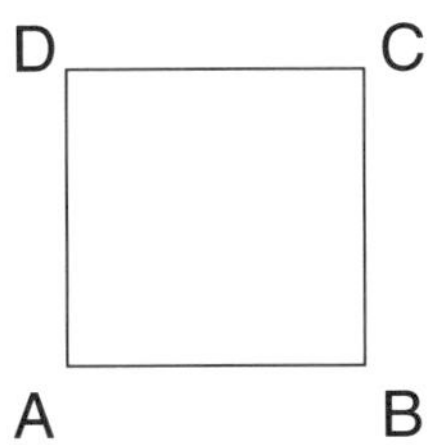

b) an AC!

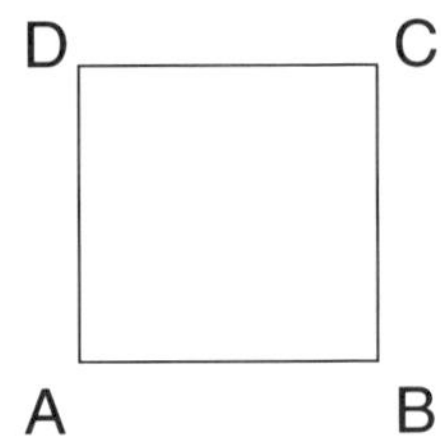

Z.

1 Tropfen sind 0,2 ml.

Jede Minute kommen 5 Tropfen aus dem Wasserhahn. Das ist dann 1 ml.

a) Wie viel Liter tropfen in 10 Stunden?

b) Wie viel Hektoliter tropfen in 10 Tagen?

Geometrie
Arbeiten im Koordinatensystem

1. Trage folgende Punkte in das Koordinatensystem ein!

A(3; 3)
B(4; 7)
C(7; 4)
D(0; 6)
E(6; 0)

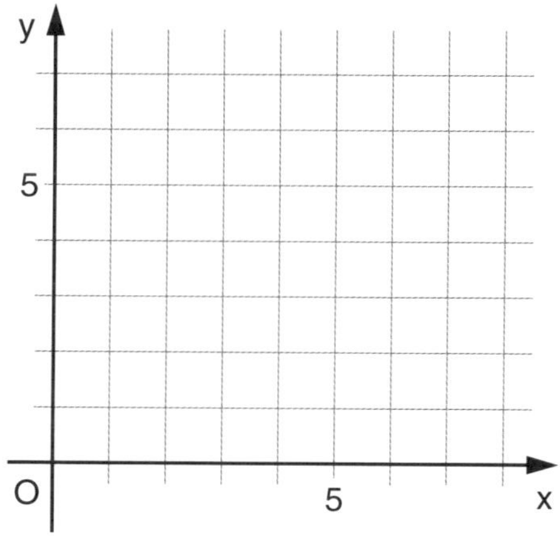

2. Zeichne die Gerade g durch P und Q!

P(8; 1)
Q(2; 5)

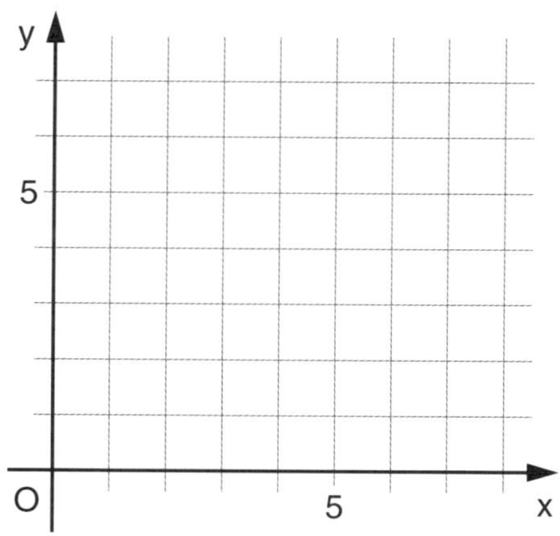

3. Von A nach C über D ist der Weg 5 km länger als von A nach C über B.
Wie weit ist es von A nach D?

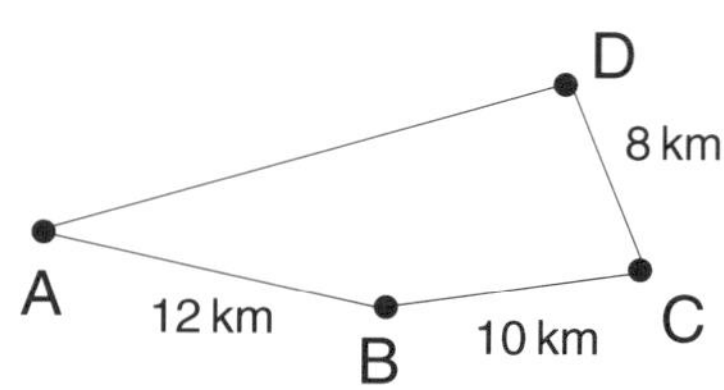

____

1. Gib die Koordinaten der Punkte P, Q, R und S an!

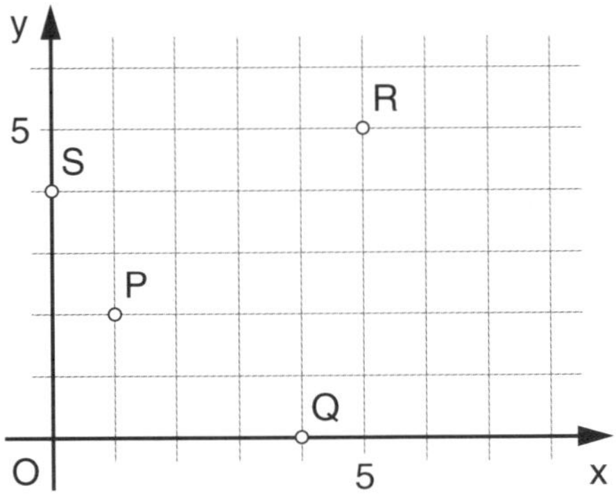

P(;)
Q(;)
R(;)
S(;)

2. Gegeben seien die Punkte A(45; 15), B(0; 30) und C(0; 0).

   a) Zeichne das Dreieck ABC!

   b) Was für ein Dreieck ist das?

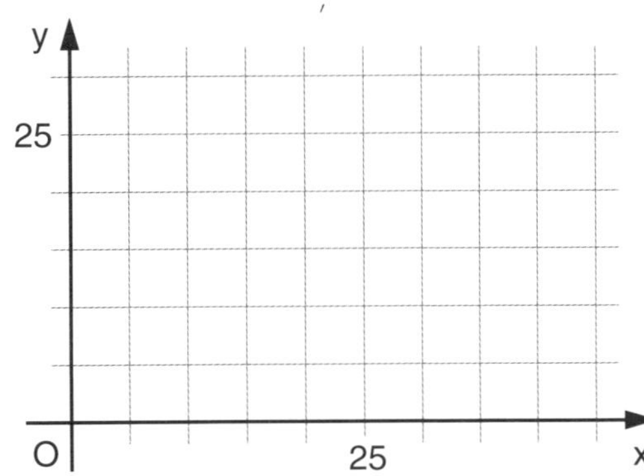

Z. Tageseinnahmen des Circus „Bambini“:

1. Tag, nachm.: 10 355 €; 2. Tag, nachm.: 8 125 €
1. Tag, abends: 17 555 €; 2. Tag, abends: 12 855 €

   a) Berechne die Gesamteinnahmen!

   b) Berechne die durchschnittlichen Einnahmen je Vorstellung!

Geometrie
Arbeiten im Koordinatensystem

1. Zeichne durch die Punkte A(4; 1) und B(2; 6) die Gerade a sowie durch C(7; 2) die dazu parallele Gerade b!

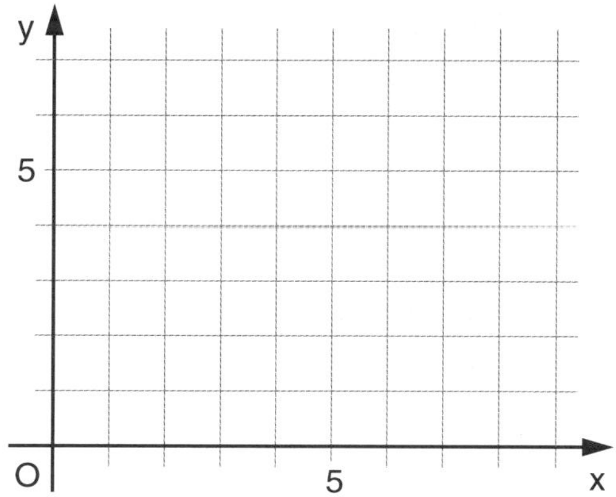

2. a) Welche Koordinaten hat der Punkt M? ____________

   b) Zeichne das Dreieck KML!

   c) Zeichne die Symmetrieachse des Dreiecks KML ein!

   d) Liegt P(1,5; 2,5) auf dieser Symmetrieachse? ________

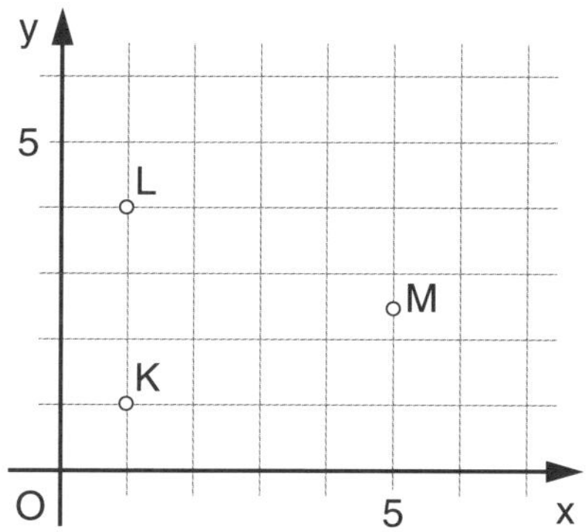

Z. a) $2 \cdot (4\,\text{dm} + 4\,\text{cm}) =$ ____________ cm

b) $5 \cdot (2\,\text{kg} + 200\,\text{g}) =$ ____________ g

c) $10 \cdot (1\,\text{min} + 15\,\text{s}) =$ ____________ s

1. a) Zeichne durch die Punkte P(2; 1) und Q(7; 3) die Gerade g!

   b) Zeichne durch S(0; 7) die Gerade h so, dass gilt: $g \perp h$!

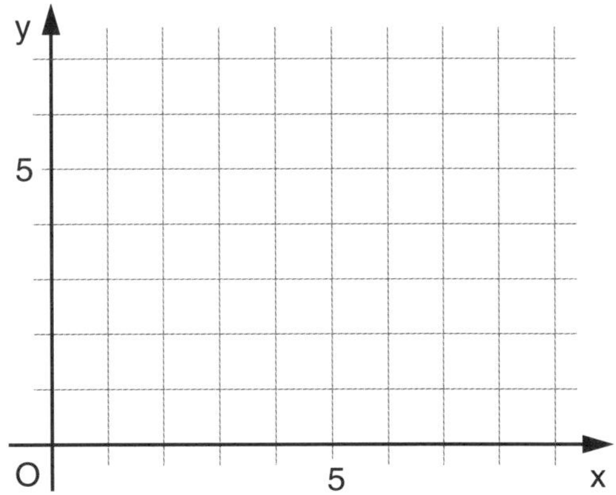

2. a) Gib die Koordinaten der Punkte A, B, C und D an!

   b) Die Figur ABCD wird an s gespiegelt.
   Gib die Koordinaten der Bildpunkte A', B', C' und D' an!

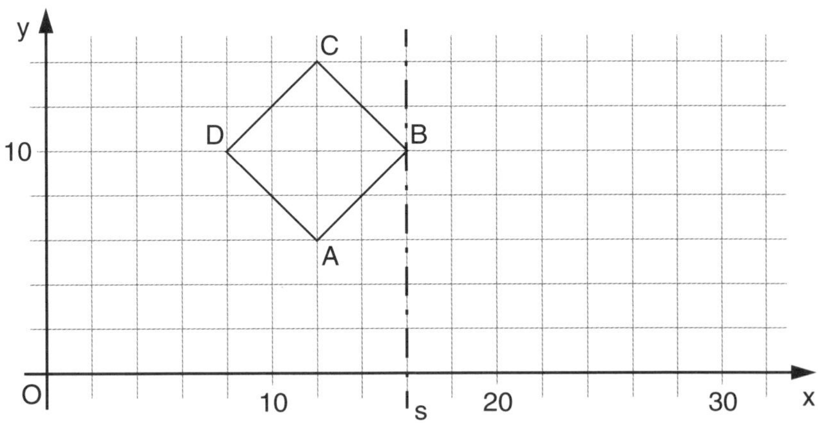

Z. Rechne möglichst im Kopf!

a) $12 \cdot 3 \cdot 10 =$ ____________ b) $5 \cdot 7 \cdot 2 =$ ____________

c) $8 \cdot 4 \cdot 25 =$ ____________ d) $317 \cdot 0 \cdot 18 =$ ____________

1. a) Zeichne durch die Punkte C(10; 2) und D(8; 6) die Gerade d!

   b) Zeichne durch E(5; 0) die Gerade e so, dass gilt: e || d!

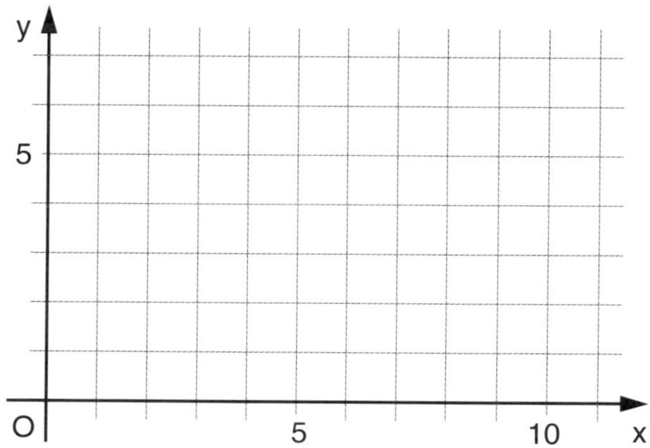

2. a) Gib die Koordinaten der Punkte M, P, Q und R an!

   b) Zeichne eine Symmetrieachse des Kreises k durch Q!

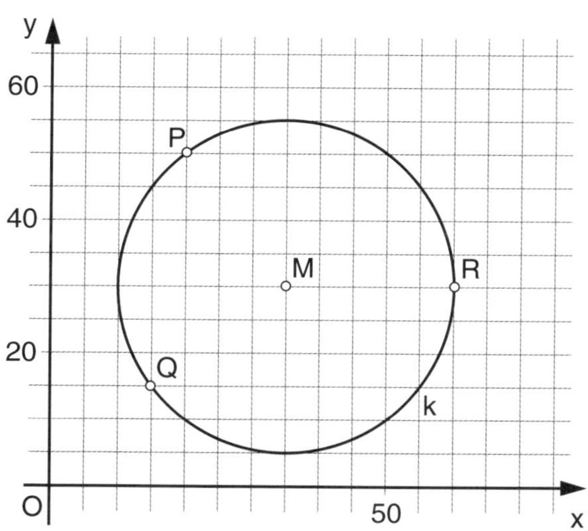

Z. Wie viel Jahre vergingen von MDCXVIII bis MDCCV?

1. a) Spiegle das Dreieck KLM an t!

   b) Gib die Koordinaten von K', L' und M' an!

   ____

   ____

   ____

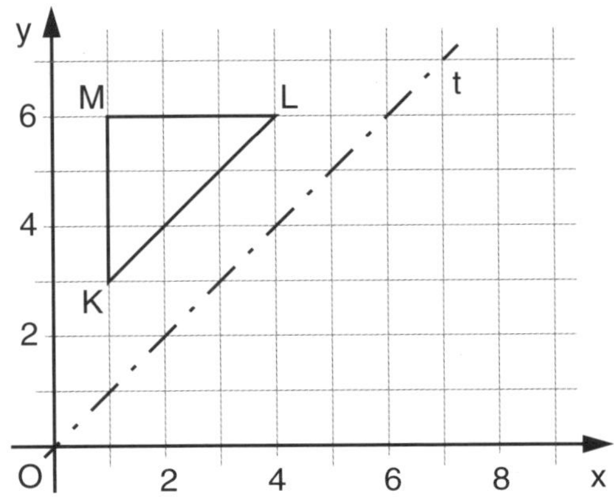

2. Eine Gerade a ist durch A(3; 1) und B(13; 6) bestimmt.

   a) Zeichne a!

   b) Spiegle a an t!

   c) Ergänze:

   A'(;   ) und

   B'(;   )!

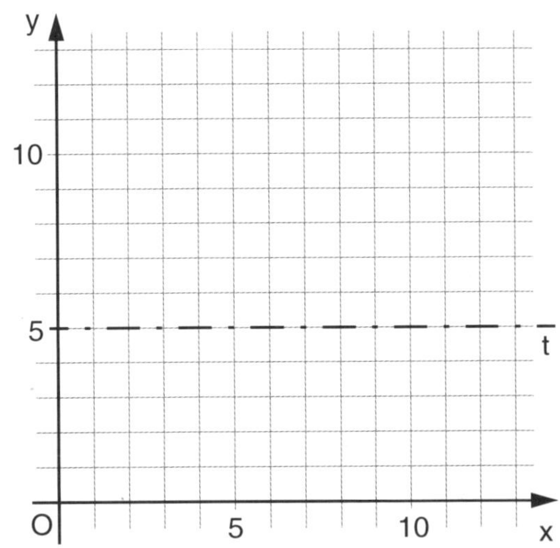

Z. Ergänze die Tabelle!

3^x	x	x^3
	2	
	4	
		27

Geometrie
Umfang und Flächeninhalt von Rechtecken

1. a) Miss den Umfang!
   b) Berechne den Flächeninhalt!

   u = ______________________

   A = ______________________

2. a) Gib u und A des Rechtecks ABCD an!

   u = ______________________

   A = ______________________

   b) Gib u und A des Dreiecks ACD an!

   u = ______________________

   A = ______________________

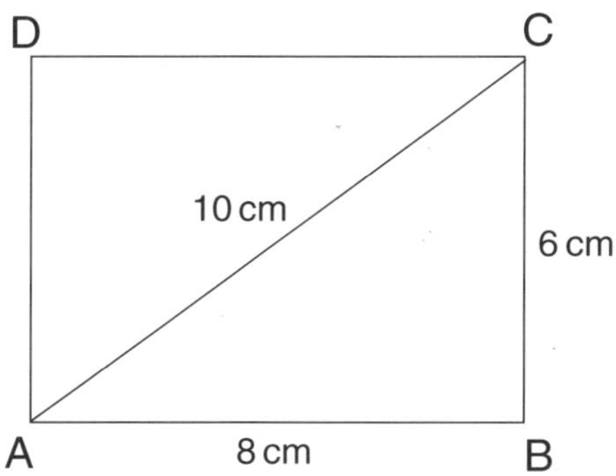

Z. a) Rechne schriftlich! Überschlag!

2 1 7 · 2 3 Ü:

b) $300\,m \cdot 400\,m =$ ______________________ ha

Geometrie
Umfang und Flächeninhalt von Rechtecken

1. a) Miss $\overline{AC}$!

$\overline{AC}$ = ____________

$\overline{AB} = a = 4{,}0\,\text{cm}$

$\overline{BC} = b = 2{,}5\,\text{cm}$

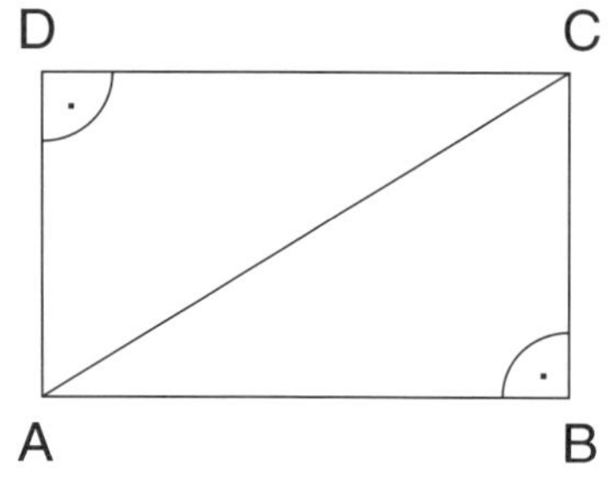

b) Welchen Umfang hat das Dreieck ACD?

u = ____________

2. Ergänze die Tabelle!

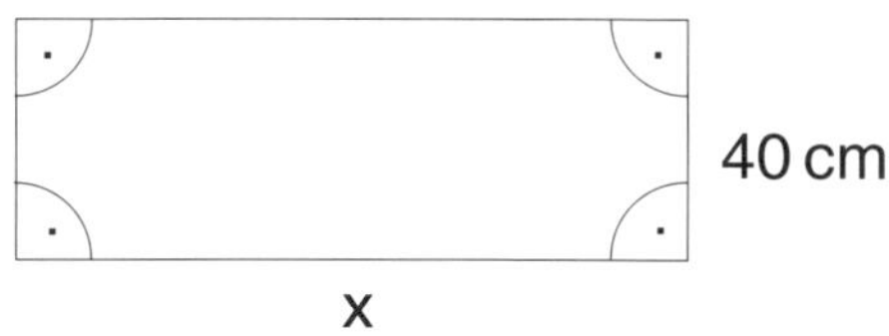

x	u	A
80 cm		
0,75 m		
		4 000 cm²

Z. Ergänze die Tabelle!

a	b	c	a · (b – c)
40	25	15	
60		24	60
	70	50	0

1. Vervollständige die Tabelle!

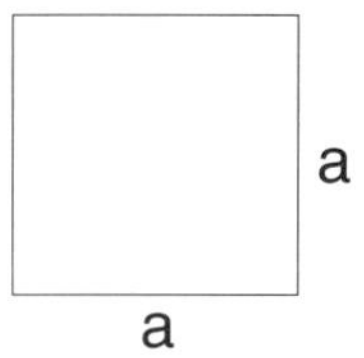

a	u	A
20 cm		
0,5 cm		
	1 m	

2. Berechne u und A der Figur ABCDEF!

u = ____________________

A = ____________________

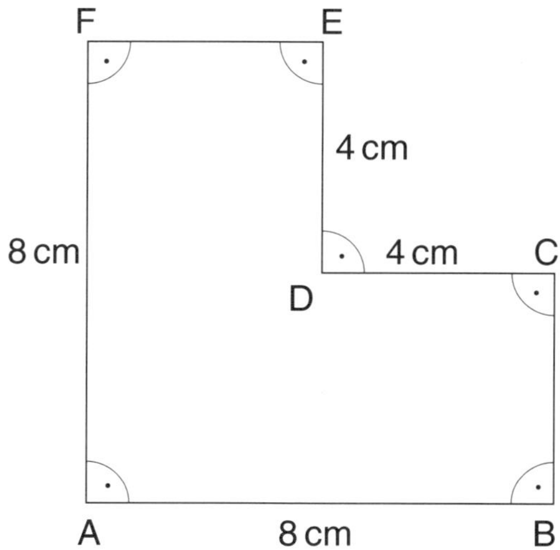

Z. Welchen Inhalt hat die graue Fläche?

A = ____________________

a = 15 mm

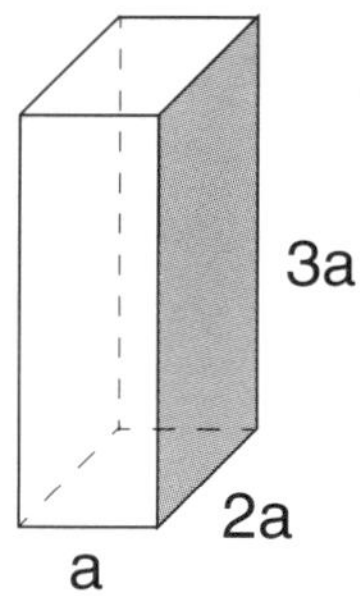

1. Berechne den Flächeninhalt des Rechtecks mit den Seitenlängen a und b!

a	b	A
4 cm	7 cm	
0,5 m	20 cm	
2,5 dm	0,2 m	

2. Welchen Inhalt hat das Rechteck BEFC?

A = ____________

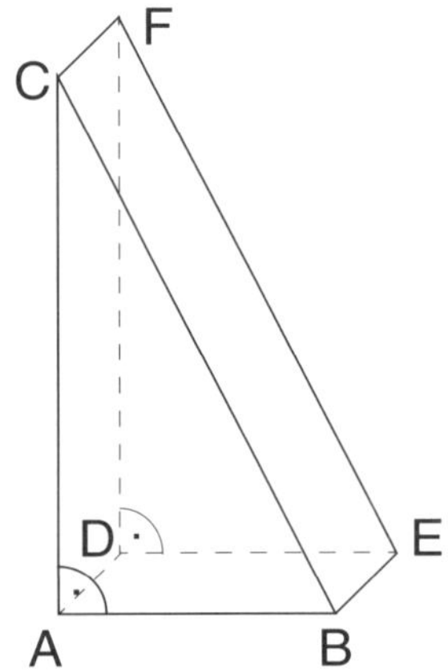

$\overline{AB} = 5{,}0\,cm$

$\overline{AC} = 12{,}0\,cm$

$\overline{BC} = 13{,}0\,cm$

$\overline{BE} = 2{,}5\,cm$

Z. Ergänze die Tabelle!

a	b	c	a · b – c
20	30	300	
15	10	30	
8	7	55	
9	10		0

1. Vervollständige die Tabelle!

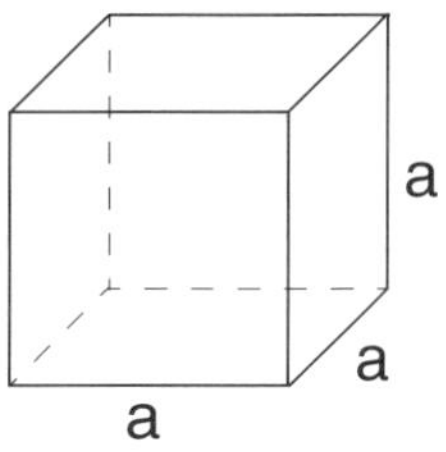

a	A_0	V
3,0 cm		
1,0 cm		
		8 dm^3

2. Gegeben sind Rechtecke ABCD mit den Seitenlängen a und b.
Ergänze die Tabelle!

a	b	u	A
6 cm	4 cm		
2 m	3 m		
0,2 m	0,1 m		
	8 dm		40 dm^2

Z. Ergänze!

50 · z	5 · z	z	z : 5
		1 m	
	1 m		
1 kg			
		2 l	

Geometrie
Umfang, Flächeninhalt und Volumen

1. a) Vergleiche die Flächeninhalte A_1, A_2 und A_3 der gegebenen drei Rechtecke!

A_1:

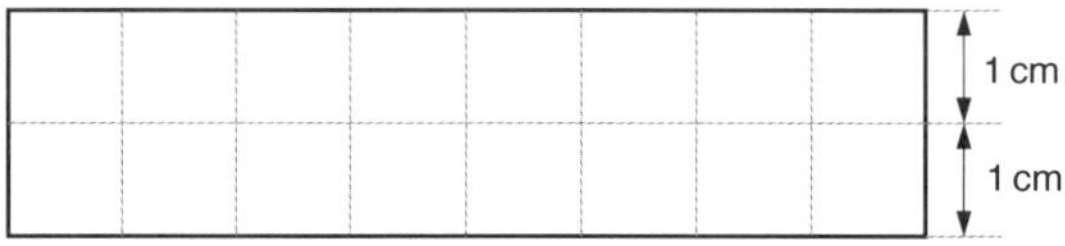

A_2:

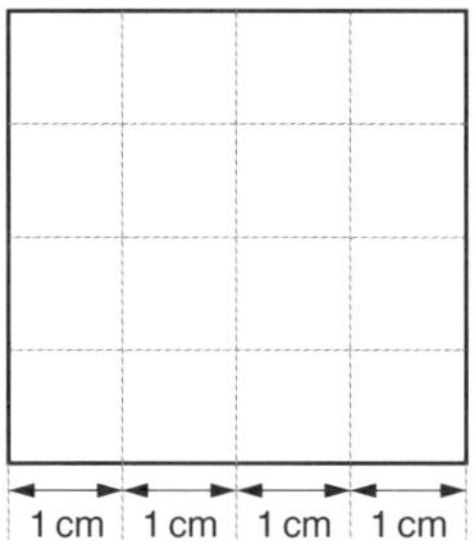

A_3: a = 3,0 cm
b = 5,0 cm

b) Vergleiche die Umfänge der drei Rechtecke!

2. Wievielmal passt der kleine in den großen Würfel? Sprich dazu!

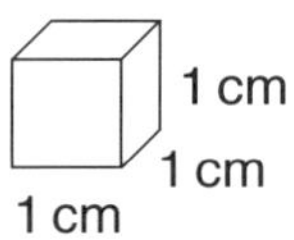

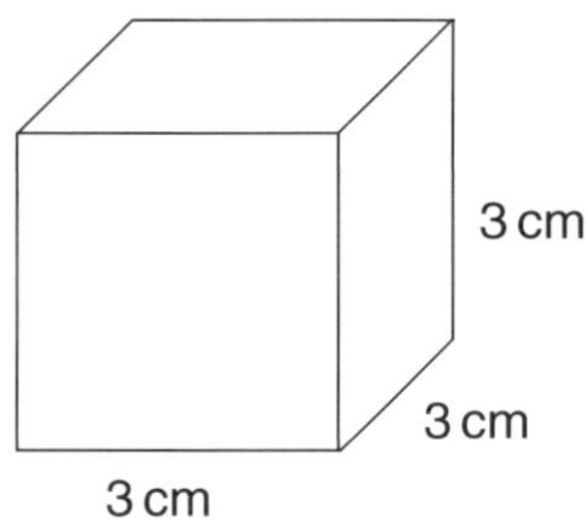

Z. Vergleiche! Setze jeweils das richtige Zeichen!

a) 33 dt ◯ 3,4 t

b) 60 l ◯ 600 ml

c) 0,5 ha ◯ 5 000 m^2

d) $\frac{1}{2}$ min ◯ 27 s

1. In einer Klasse sind 12 Jungen und 16 Mädchen. Im Sportunterricht werden die Jungen gemessen.
Hier die Niederschrift der Messwerte:
1,62 m; 1,58 m; 1,54 m; 1,55 m; 1,54 m; 1,57 m; 1,55 m; 160 cm; 1,52 m; 1,55 m; 1,56 m; 154 cm.

   a) Ordne die Angaben der Größe nach!

   ____

   b) Welche Längenangabe kommt am häufigsten vor?

   ____

2. Die letzte Mathematikarbeit einer 5. Klasse ergab folgende Notenverteilung:

Note:	1	2	3	4	5	6
Anzahl:	2	12	10	0	2	1

   a) Welche Note hat die größte Häufigkeit? ____________

   b) Welche Note hat die kleinste Häufigkeit? ____________

   c) Zeichne ein Streckendiagramm für die Verteilung der Noten!

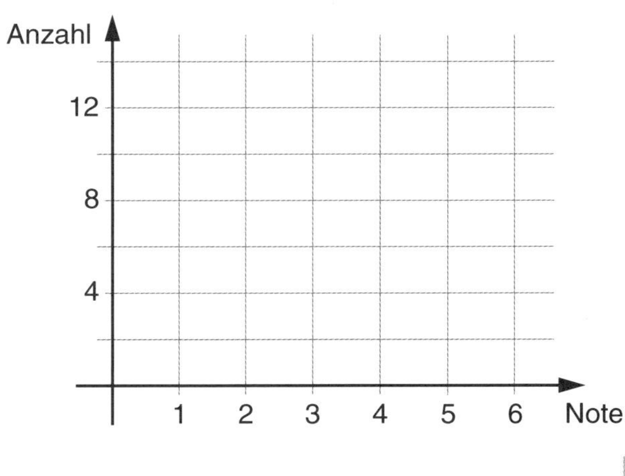

1. Anna liest von Montag an eine Woche lang jeden Tag die Außentemperatur ab. Sie ermittelt folgende Werte:
+7 °C; +9 °C; +10 °C; +15 °C; +6 °C; +4 °C; +5 °C.

a) Stelle den Temperaturverlauf dieser Woche grafisch dar!

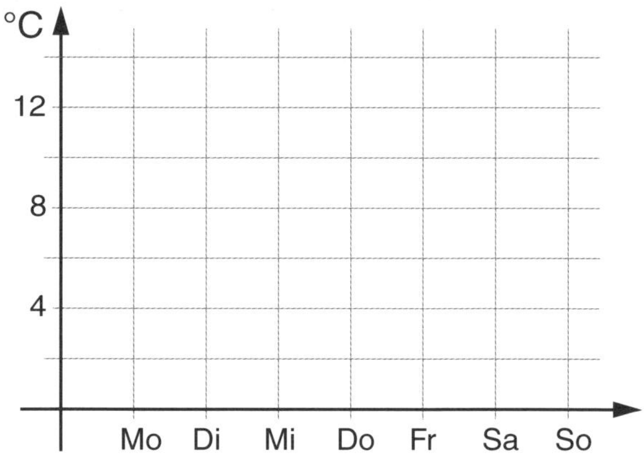

b) Berechne den Mittelwert!

2. Was ist mehr oder weniger wahrscheinlich oder unmöglich?

a) Nachtfrost im November ....

Nachtfrost im Mai ....

b) Der Nil ist vereist. ....

Die Oder ist vereist. ....

c) Paul hat am 30. Februar Geburtstag. ....

1. Monika, Bernd, Mutter und Oma spielen „Mensch, ärgere dich nicht“.
   Ergänze die nachfolgenden Aussagen durch die Texte (a) bis (c)!

   1. Es ist sicher, dass ....
   2. Es ist möglich, aber nicht sicher, dass ....
   3. Es ist unmöglich, dass ....

   (a) Oma gewinnt.
   (b) einer verliert.
   (c) alle gleichzeitig gewinnen.

2. Nimm einen beliebigen Text und lies die ersten 20 Zeilen.
   Erfasse mit Hilfe einer Strichliste, wie oft die Vokale e, i, a, o und u auftreten!
   Stelle die Häufigkeit grafisch dar!

a	e	i	o	u	Summe

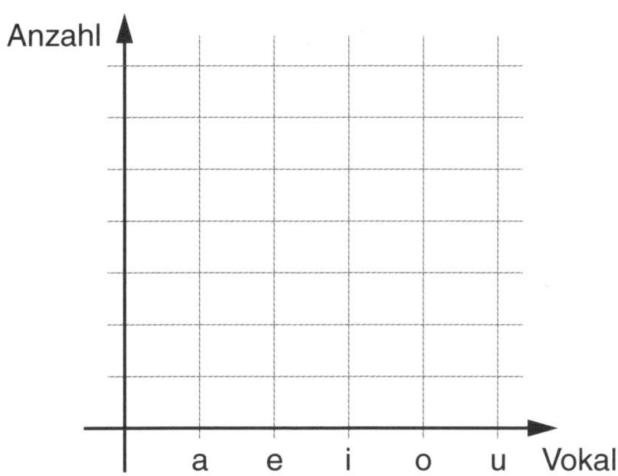

1. Entscheide, ob die folgenden Ereignisse
   sicher,
   möglich, aber nicht sicher
   oder *unmöglich* sind!

   a) Ostern läuten alle Glocken. ....

   b) Die Sonne geht im Osten auf. ....

   c) Wasser gefriert bei +20 °C. ....

   d) Meine Oma ist erst 30 Jahre alt. ....

2. Wie viele verschiedene dreistellige Zahlen kann man aus den Ziffern 2, 4 und 5 bilden, wenn in jeder dieser Zahlen jede der Ziffern genau einmal vorkommt?

Z. Rechne schriftlich!

	3	3	4	4	5
+		1	1	0	6
+			2	0	7
+	1	0	0	0	5

Stochastik
Grundelemente der Stochastik

1. In einer Lostrommel befinden sich Nieten, Freilose und Gewinne.
   Wie viele mögliche Ereignisse gibt es, wenn man zwei Lose kauft?

2. Ist es *sicher*, *möglich* oder *unmöglich*, dass zwei Geschwister am gleichen Tag geboren sind?

Z. Vergleiche! Setze jeweils das richtige Zeichen (<; =; >)!

a) $\frac{1}{4}$ kg ◯ 245 g

b) $\frac{1}{4}$ h ◯ 15 min

c) $\frac{1}{4}$ hl ◯ 30 l

d) $1\frac{1}{2}$ d ◯ 30 h

1. Beim Münzwurf unterscheidet man Wappen (W) oder Zahl (Z).
   Kurt wirft beim ersten Mal: WWW.
   Welche Ereignisse sind noch möglich, wenn dreimal geworfen wird?

2. Christine fertigt bei einem Würfelspiel eine Strichliste über die erzielten Augenzahlen an:

Augenzahl	1	2	3	4	5	6
Anzahl	14	11	16	19	21	9

   Stelle den Sachverhalt grafisch dar!

Z. Für welche natürlichen Zahlen stehen a, b und c?

$4 \cdot (13 - a) = 40$ a = ...

$4 \cdot 12 - b = 40$ b = ...

$c \cdot 13 - 12 = 40$ c = ...

Stochastik
Grundelemente der Stochastik

1. Wie viele dreistellige Zahlen kann man nur aus den Ziffern 1 und 2 bilden?

   a) Schreibe alle Möglichkeiten auf!

   b) Berechne die Differenz aus der größten und der kleinsten dieser Zahlen!

2. Wie viele Möglichkeiten gibt es, aus Stoffresten in den Farben rot, weiß und grün zweifarbige Fähnchen herzustellen, wenn die Anordnung der Farben keine Rolle spielt?

Z. Ordne der Größe nach! Beginne mit der kleinsten Fläche!
12 a; 0,1 ha; 1 100 m^2

1. Claudia „schlachtet“ ihr Sparschwein.
Sie zählt 13 Zehn-Cent-Stücke, 11 Fünf-Cent-Stücke, 6 Ein-Cent-Stücke, 8 Fünfzig-Cent-Stücke und 7 Ein-Euro-Stücke. Andere Münzen waren nicht enthalten.

a) Stelle die Anzahl jeder Münzart grafisch dar!

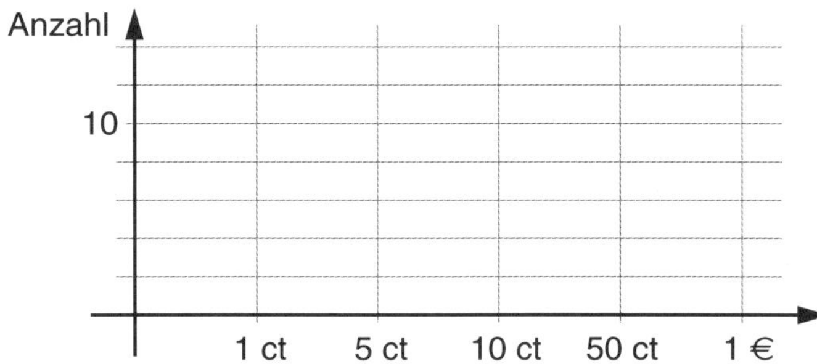

b) Berechne den Gesamtbetrag!

2. Die grafische Darstellung zeigt den Temperaturverlauf an einem sonnigen Herbsttag:

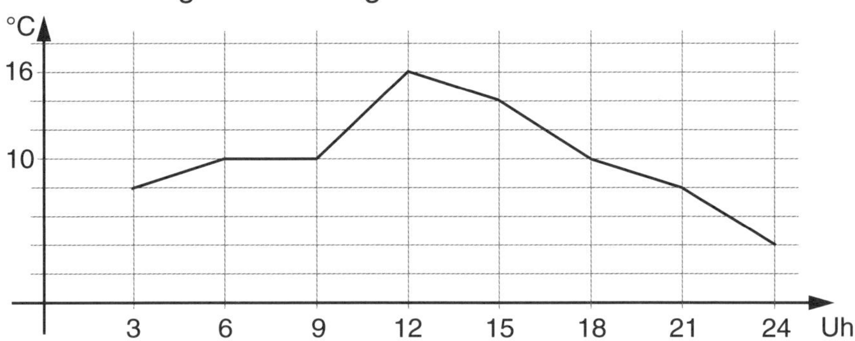

a) Zu welchen Zeiten betrug die Temperatur 10°C?

b) Berechne das Tagesmittel!

Vermischte Übungen
Wiederholung aus den Klassenstufen 1 bis 5

1. Addiere zum Produkt der nachfolgenden Zahlenpaare deren Quotienten!

   a) (16; 2) ....

   b) (25; 5) ....

   c) (0; 7) ....

   d) (11; 1) ....

2. Ein PKW verbraucht für 100 km durchschnittlich 8 l Kraftstoff. Ergänze die Tabelle!

Strecke	100 km	500 km	250 km	
Verbrauch	8 l			200 l

3. a) $20\,m - 5 \cdot 20\,cm =$ ....

   b) $20\,kg - 5 \cdot 200\,g =$ ....

   c) $20\,h - 5 \cdot 200\,min =$ ....

Z.

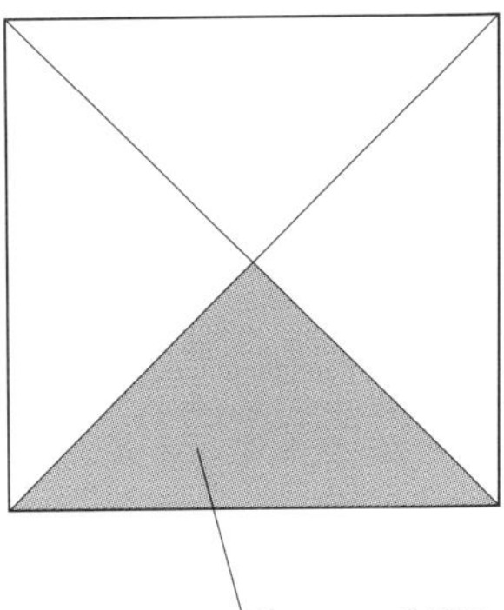

$A_\Delta = 225\,mm^2$

$A_Q =$ ....

$a =$ ....

Vermischte Übungen
Wiederholung aus den Klassenstufen 1 bis 5

1. Ergänze die Tabelle!

a	**b**	**c**	**d**	**e**
4	5		12	
6		42	40	
	12	48		48
36		36		0

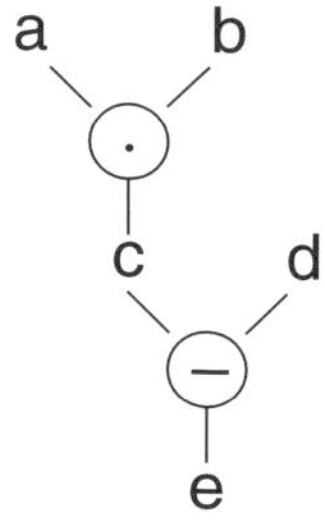

2. Finde jeweils mindestens eine Symmetrieachse!

a)

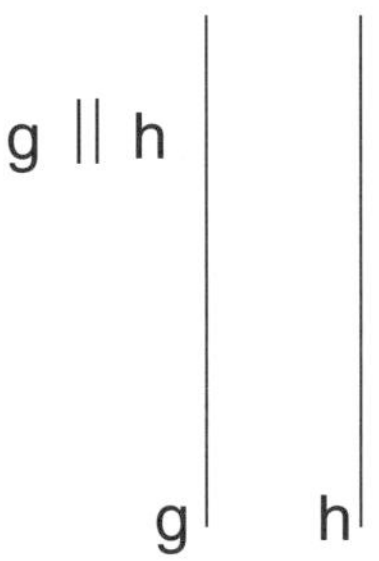

b)

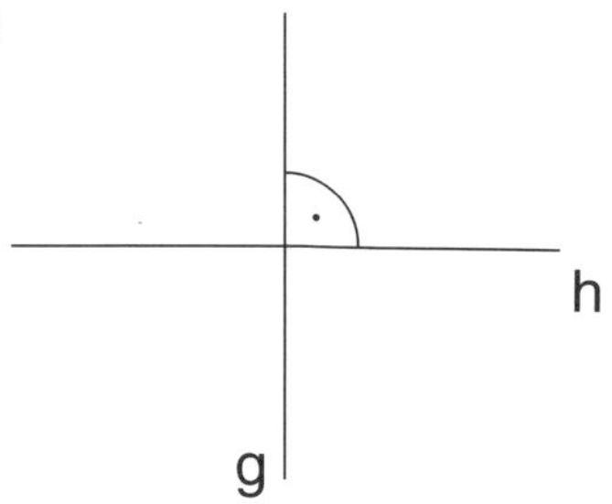

3. Ordne der Größe nach! Beginne mit der kleinsten Fläche!
$0{,}05\,km^2$; 6,5 ha; $30\,000\,m^2$

Z. Rechne schriftlich! Vergiss nicht Überschlag und Probe!

a) 8 008 : 8

b) 88 040 : 8

Vermischte Übungen
Wiederholung aus den Klassenstufen 1 bis 5

1. Für welche Zahlen stehen a, b und c?

$4 \cdot a = 100$ a = ...

$a : 5 = b$ b = ...

$(b + 1)^2 = c$ c = ...

2. Ermittle die Koordinaten der Bildpunkte A', B' und C' von A(1; 1); B(4; 2) und C(3; 6) bei einer Spiegelung an s!

....

....

....

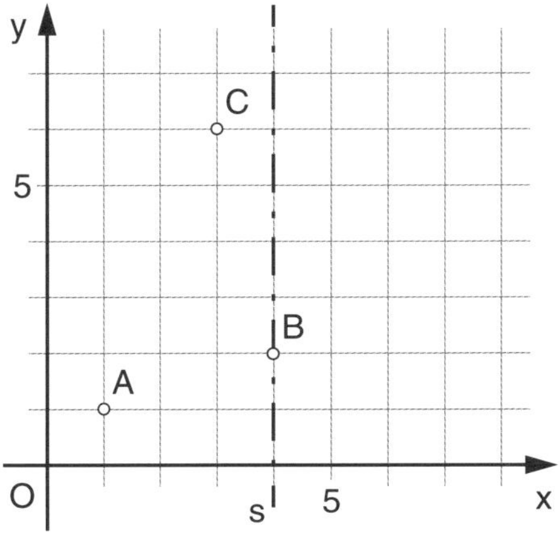

3. Eine Badewanne fasst 120 l. Alle 3 Minuten laufen 55 l zu. 10 l waren vorher schon in der Wanne. Nach wie viel Minuten ist die Wanne gefüllt?

Vermischte Übungen
Wiederholung aus den Klassenstufen 1 bis 5

1. Nenne jeweils den Vorgänger und den Nachfolger von a, b bzw. c!

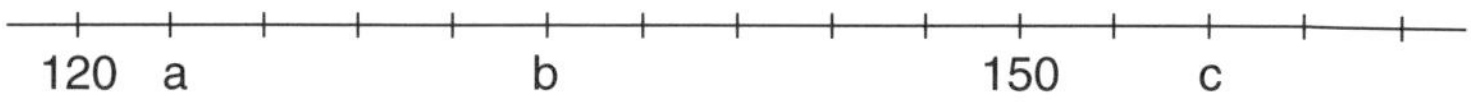

2. a) Bilde das Produkt aus 14 und dem Nachfolger dieser Zahl! Rechne!

   b) Berechne den Quotienten aus 2 und dem Vorgänger dieser Zahl!

3. Berechne!

   a) $125 - 75 : 15 - 10$

   b) $(125 - 75) : (15 - 10)$

   c) $125 - 75 : (15 - 10)$

Z. Wie viel Zentimeter beträgt die Differenz zwischen 10 m und 250 cm?

Vermischte Übungen
Wiederholung aus den Klassenstufen 1 bis 5

1. Rechne nur jeweils einen Überschlag!

   a) $78 \cdot 19$

   b) $137 : 14$

   c) $611 \cdot 98$

   d) $243 : 21$

2. Ein Motorschiff legt auf einem See in 3 min 2 km zurück.
   Ergänze die Tabelle!

Zeit	3 min	6 min	30 min	1 h
Strecke	2 km			

3. Welchen Flächeninhalt (in Quadratmetern) hat jedes der 8 kleinen Rechtecke, wenn der Flächeninhalt des gesamten Rechtecks 4 ha beträgt?

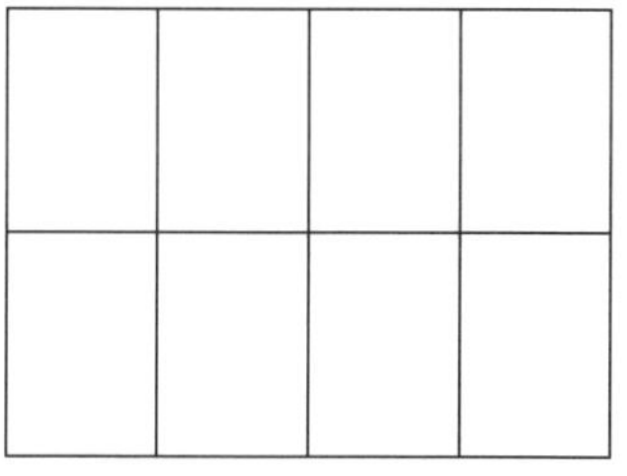

Z. Berechne!

$3^4 - 4^3 =$

Vermischte Übungen
Wiederholung aus den Klassenstufen 1 bis 5

1. Genau in der Mitte zwischen P(2; 3) und Q(8; 5) liegt der Punkt M.
   Gib die Koordinaten von M an!

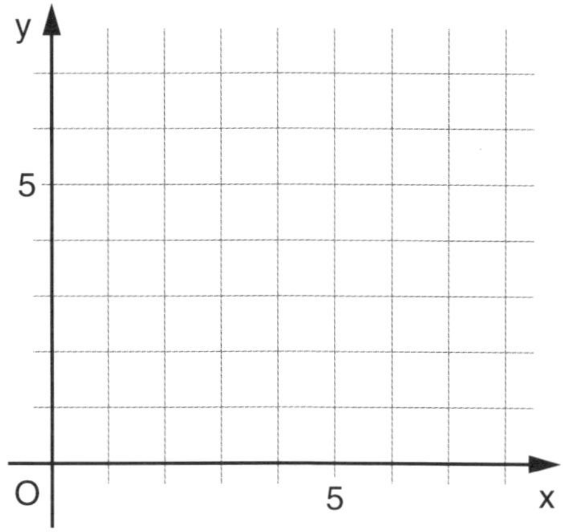

2. Alle 20 Minuten fährt eine Bahn von A nach B. Der Zugbetrieb beginnt um 3.45 Uhr.
   Die Fahrt nach B dauert in der Regel 25 Minuten. Wann muss Klaus das Haus verlassen, wenn er bis zur Station A 15 Minuten Fußweg hat und um 8 Uhr in B sein will?

3. Rechne schriftlich!
   303 415 + 18 977 + 2 004 – 211 418

Vermischte Übungen
Wiederholung aus den Klassenstufen 1 bis 5

1. Ergänze die Tabelle, wenn $a = 5b$ gilt!

b	1	2	4	20	40		
a						15	20

2. Ein Zimmer ist 4,0 m lang und 3,6 m breit.
Es soll mit einem textilen Gewebe ausgelegt werden, das eine Breite von 120 cm hat.
Wie viel Meter braucht man von der Auslegware?

3. Wandle jeweils in die nächstgrößere Einheit um!

a) 2 400 mm = ____________ b) 2 400 cm^2 = ____________

c) 2 400 l = ____________ d) 2 400 s = ____________

Z. Jemand verkauft 1,2 a Land zu 75 € je Quadratmeter.
Ermittle den Gesamtpreis!

Vermischte Übungen
Wiederholung aus den Klassenstufen 1 bis 5

1. Die Geschwister Jana, Klaus und Lotte sind in dieser Reihenfolge geboren: 1989, 1991 und 1993.
   In welchem Jahr sind sie zusammen genau 30 Jahre alt?

2. 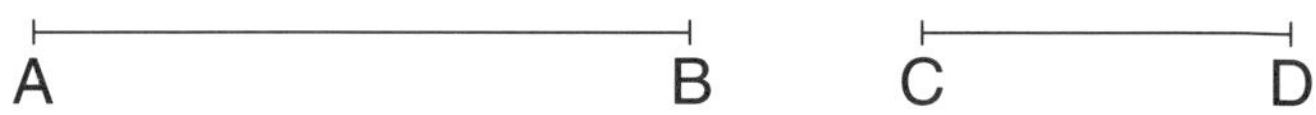

   a) $\overline{AB} + \overline{CD} =$ ________ b) $\overline{AB} - \overline{CD} =$ ________

   c) $4 \cdot \overline{AB} + 2 \cdot \overline{CD} =$ ________ d) $5 \cdot \overline{AB} - 3 \cdot \overline{CD} =$ ________

3. Von einer Sorte Limonade kostet eine Flasche 68 ct (ohne Pfand). In einem Kasten sind 20 Flaschen. Am Kiosk wurden 5 Kästen innerhalb von 2 Tagen verkauft.
   Welche Summe wurde hierfür eingenommen?

Z. $2^3 + 3^2 + x = 20$

$x =$ ________

Vermischte Übungen
Wiederholung aus den Klassenstufen 1 bis 5

1. Trage in die Kreise sechs verschiedene einstellige Zahlen so ein, dass die Summe 30 ergibt!

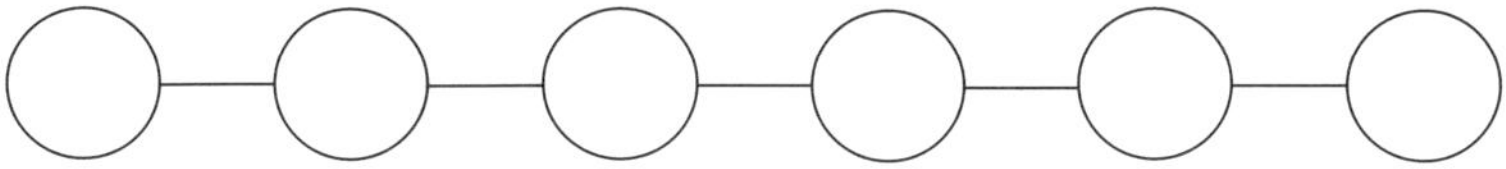

Findest du noch eine weitere Lösung?

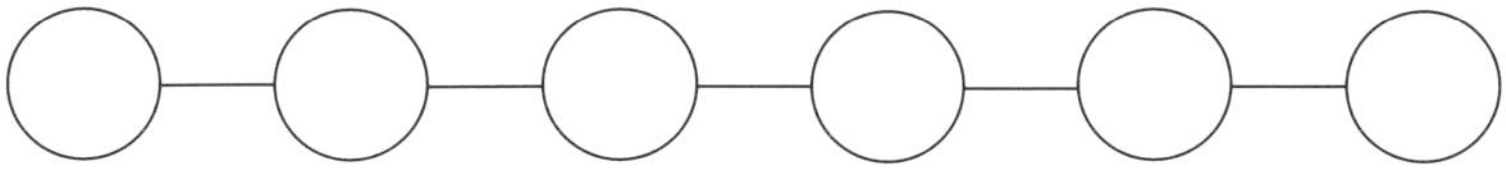

2. Vergleiche ohne auszurechnen! (<; =; >)

a) $37 \cdot 24$ ○ $38 \cdot 24$

b) 4 ○ $0 \cdot 877$

c) $30 - 13$ ○ $30 + 13$

d) $100 : 5$ ○ $100 : 8$

3. Ergänze die Tabelle!

a	**b**	**$10 \cdot a + 5 \cdot b$**	**$10 \cdot (a - b)$**
13	8		
15	10		
11			0
	2	20	

Z. Wie viel Hektar sind $150\,000\ m^2$?

Vermischte Übungen
Wiederholung aus den Klassenstufen 1 bis 5

1. In einem Regal mit drei Fächern befinden sich 168 Bücher. In jedem Fach sind 10 Bücher mehr als im darunterliegenden. Wie viel Bücher stehen in jedem Fach?

2. Dividiere zeilen- und spaltenweise!

a)

120	15	
12	3	

b)

80		5
	8	
		1

3. a) $4 \cdot 175\,ct =$ ______ ct = ______ €

b) $16 \cdot 25\,mm =$ ______ mm = ______ cm

c) $8 \cdot 125\,g =$ ______ g = ______ kg

d) $12 \cdot 75\,m^2 =$ ______ m^2 = ______ a

Z. Für welche Zahlen stehen a und b?

a) $17 \cdot (a + 1) = 1$

a = ______

b) $17 \cdot b + 1 = 18$

b = ______